350 ejercicios de
reparto
para 1º de Primaria
I

Proyecto Aristóteles

Copyright © 2014 Proyecto Aristóteles

Todos los derechos reservados.

Quedan prohibidos, dentro de los límites establecidos en la ley y bajo los apercibimientos legalmente previstos, la preproducción total o parcial de esta obra por cualquier medio o procedimiento, ya sea electrónico o mecánico, el tratamiento informático, el alquiler o cualquier otra forma de cesión de la obra sin la autorización previa y por escrito de los titulares del copyright.

ISBN: 1495918483
ISBN-13: 978-1495918483

Para Alicia y Coral.

CONTENIDOS

    Para comenzar   i

1   Ejercicios   1

PARA COMENZAR

El blasón del Proyecto Aristóteles es el proverbio *usus, magíster egregius* (la práctica es el mejor maestro). El dominio de cualquier disciplina, incluidas las matemáticas, sólo puede adquirirse a través del ejercicio variado y constante. Éste es el motivo por el cual presentamos nuestra serie especial de ejercicios de reparto para Primero de Primaria. El presente volumen está dedicado a ejercitar el conocimiento de:

- Sumas y restas.
- Ejercicios con decenas y unidades.
- Atención y memoria.
- Series y relaciones de números.
- Las figuras geométricas.
- Número anterior y posterior.
- Operaciones con incógnitas.

Cuenta y responde a las preguntas.

Hay ____ cuadrados verde oscuro.
Hay ____ cuadrados rojos.
Hay ____ cuadrados verde claro.

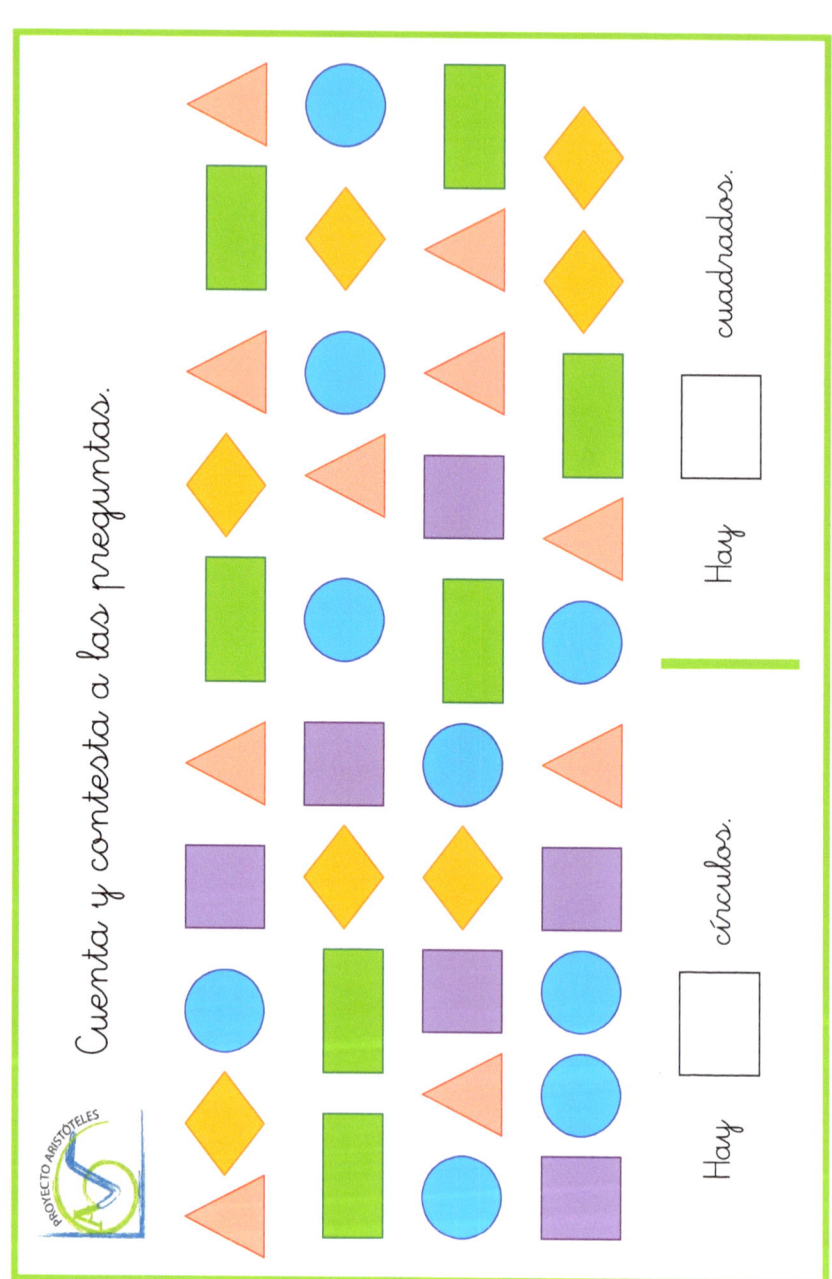

La decena.

Una decena está formada por diez unidades.

10 unidades = 1 decena

Representa lo indicado.

D	U
Una decena y dos unidades	

D	U
Una decena y cinco unidades	

D	U
Una decena y siete unidades	

D	U
Una decena y cuatro unidades	

Dibuja tantos círculos como se indique en el cuadrado.

3	5	2	4

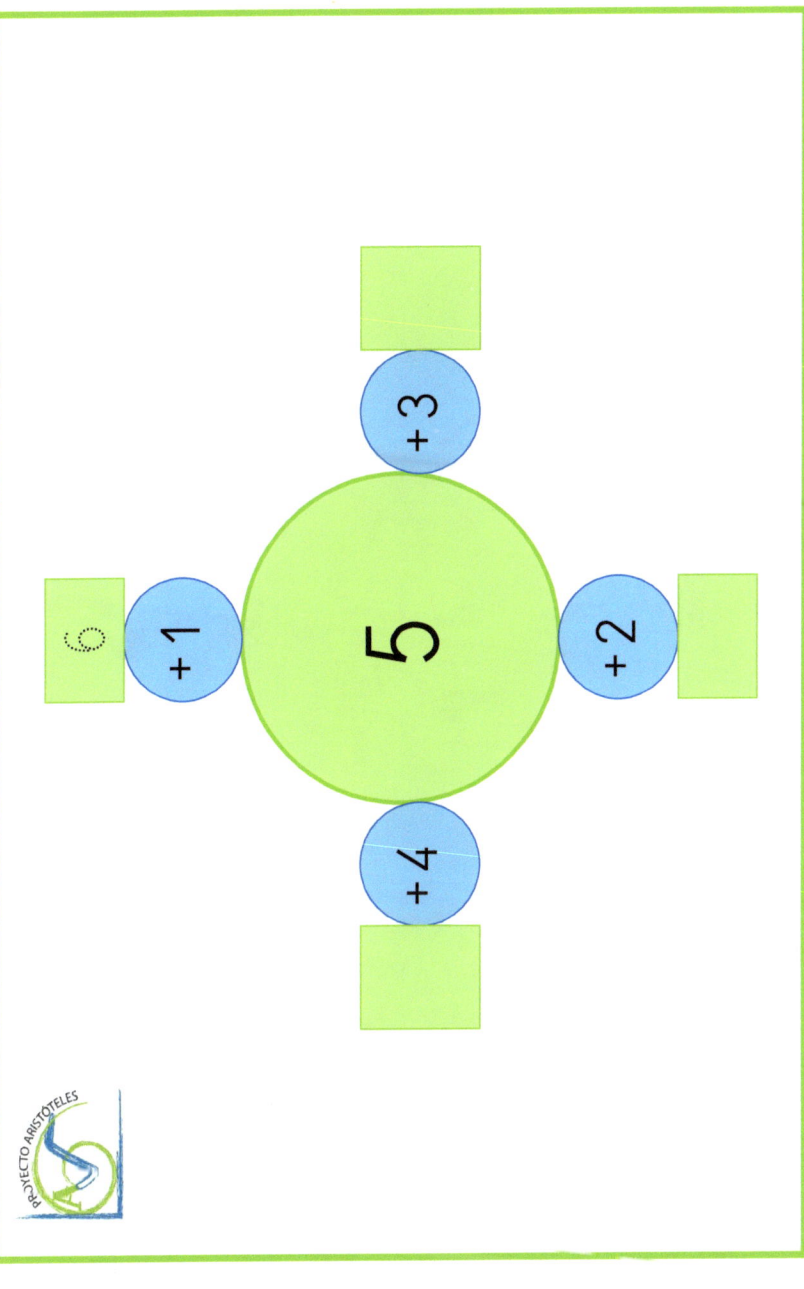

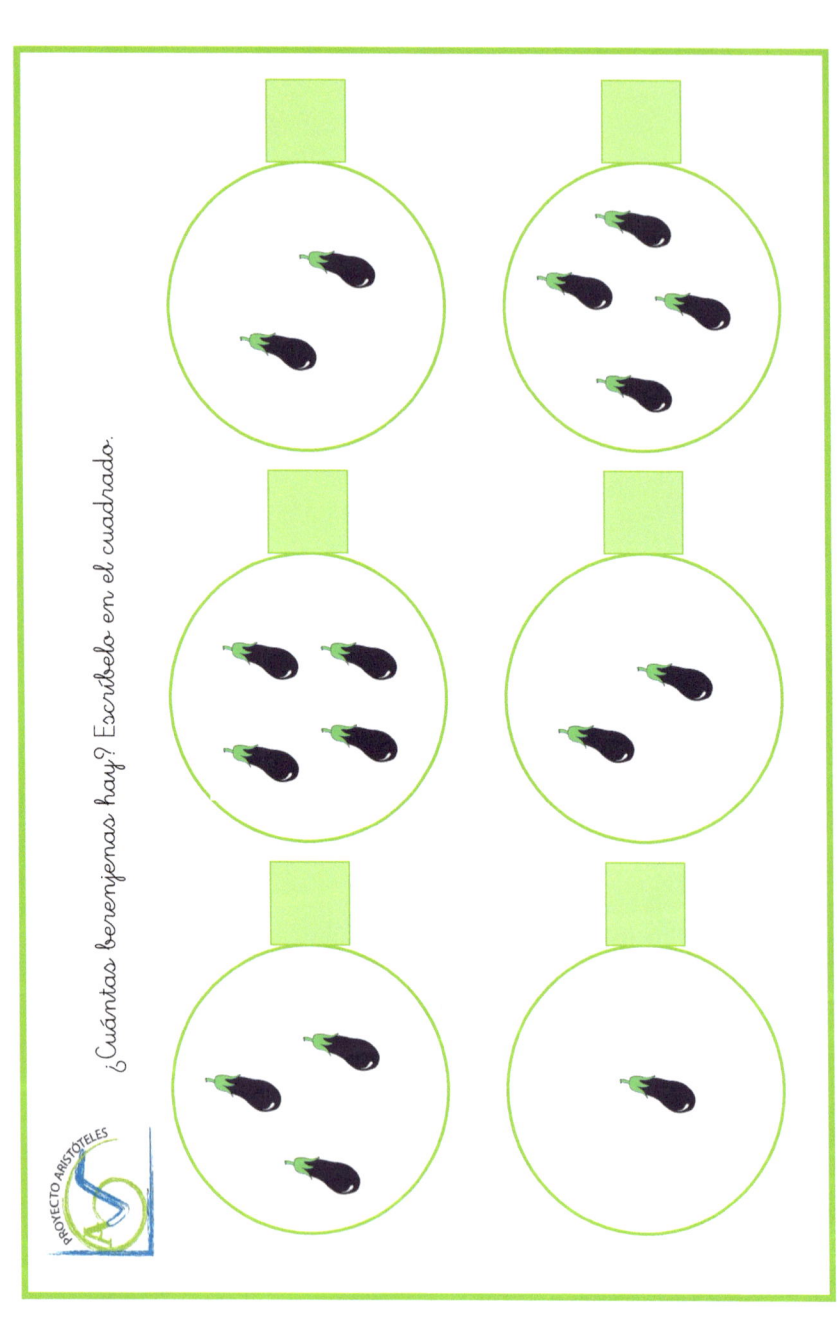

¿Cuántos rectángulos de colores hay?

Rodea una decena y completa.

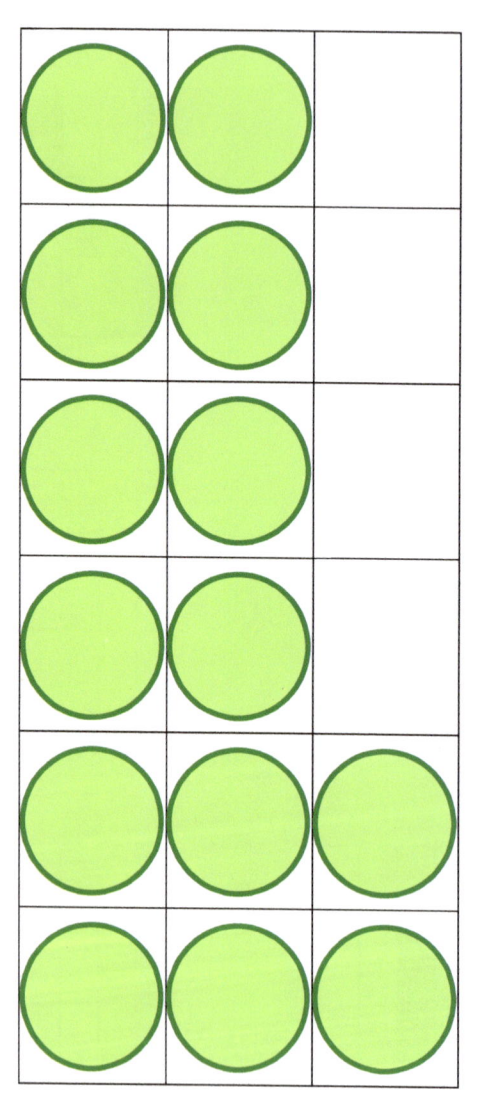

Hay _____ decena y _____ unidades.

Escribe el número anterior y posterior.

13 _____ 15 _____ 17

21 _____ 23 _____ 25

8 _____ 10 _____ 12

11 _____ 13 _____ 15

Cuenta y responde a las preguntas.

Hay ____ cuadrados azules.
Hay ____ cuadrados naranjas.
Hay ____ cuadrados amarillos.

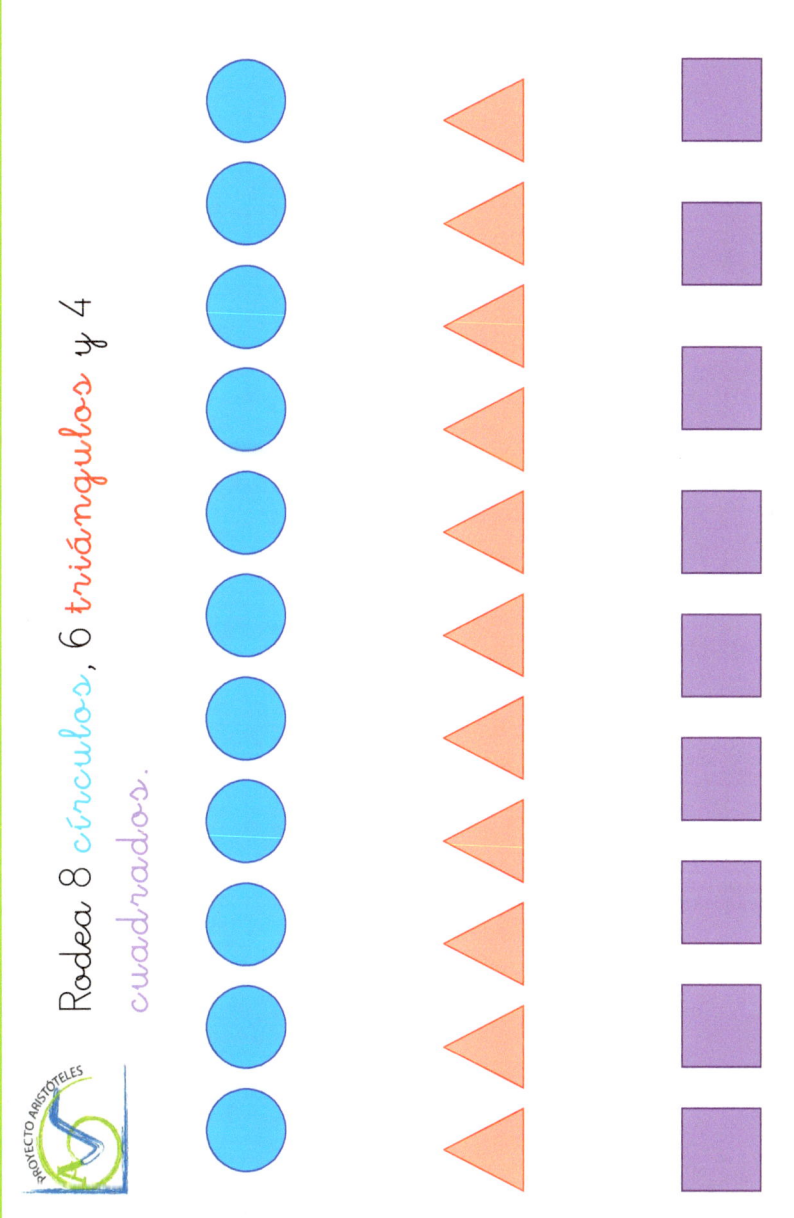

¿Cuántos círculos faltan para completar una decena? Dibújalos.

PROYECTO ARISTÓTELES

Dibuja tantos círculos como se indique en el cuadrado.

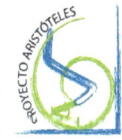

1	5	2	4

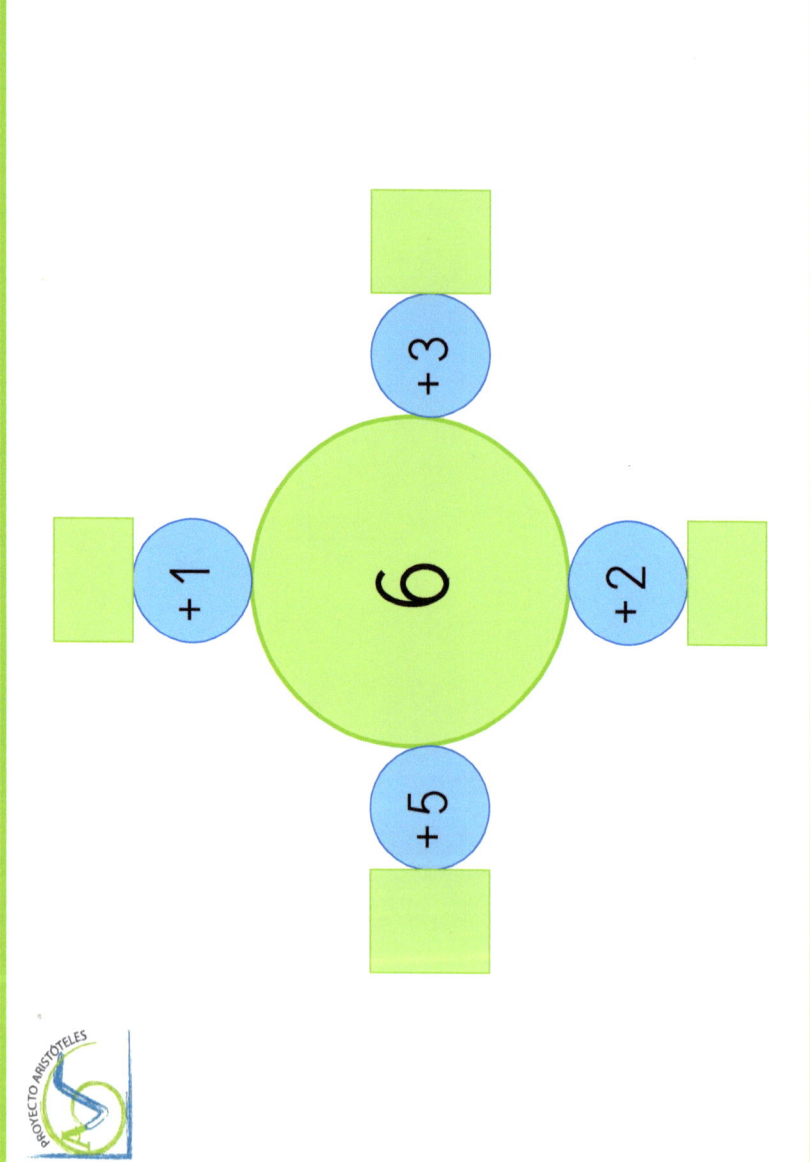

¿Cuántas peras hay? Escríbelo en el cuadrado.

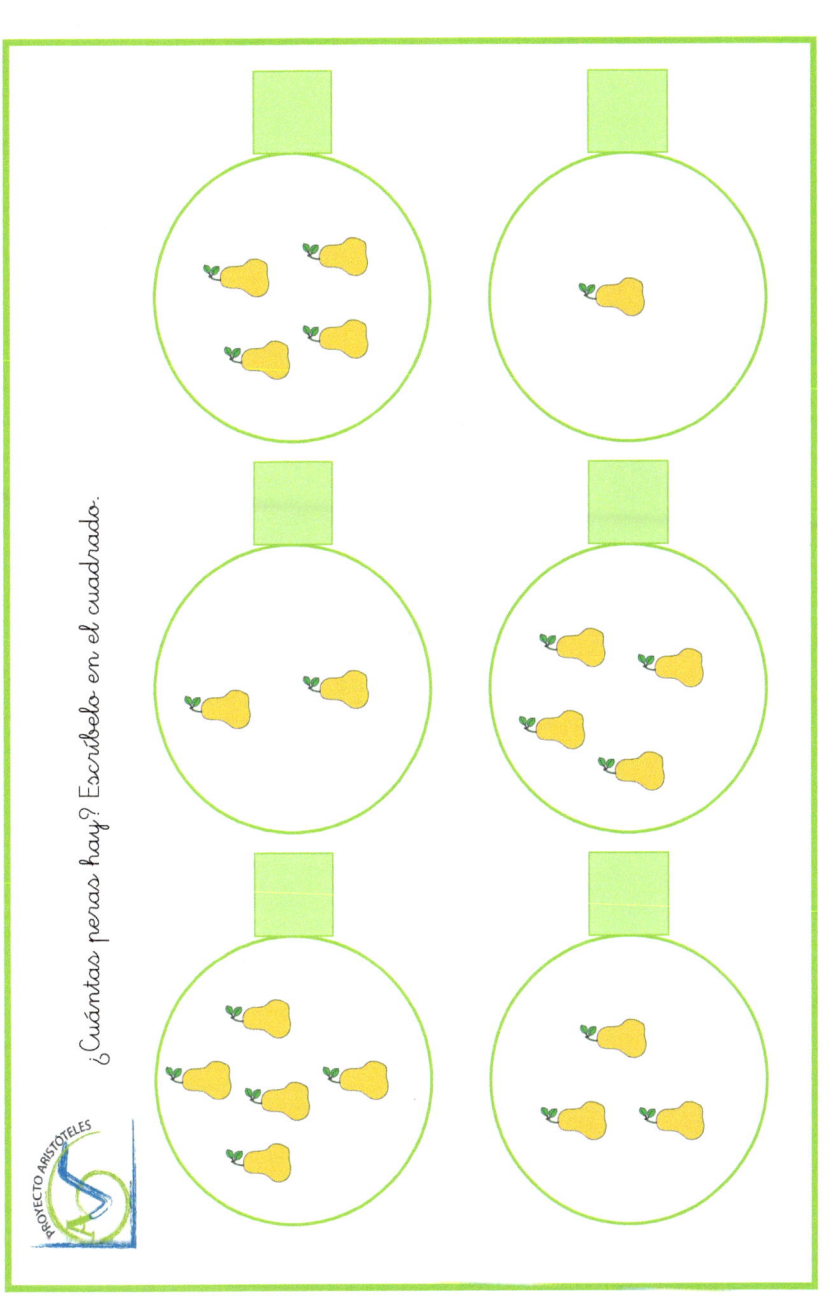

¿Cuántos cuadrados de colores hay?

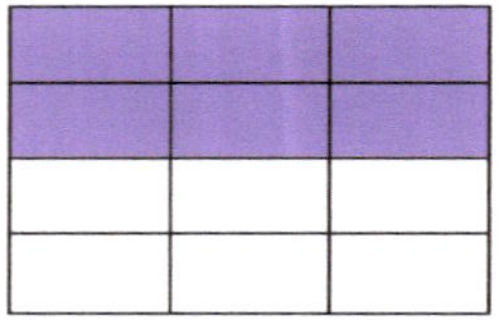

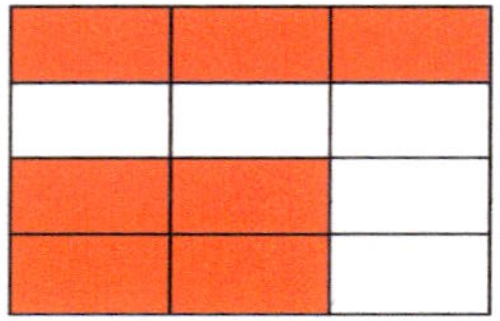

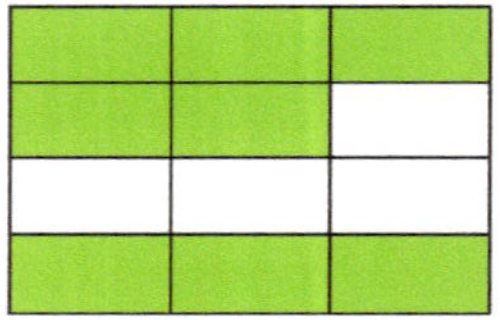

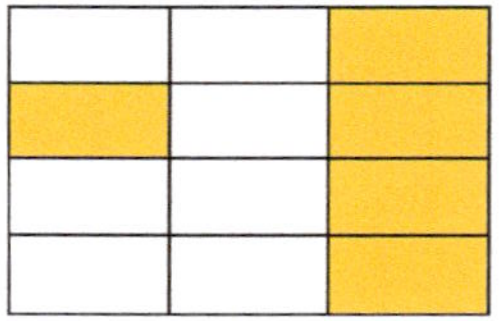

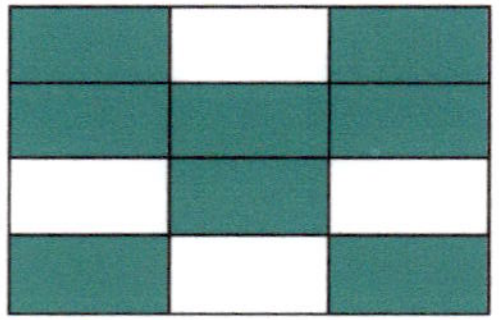

Rodea una decena y completa.

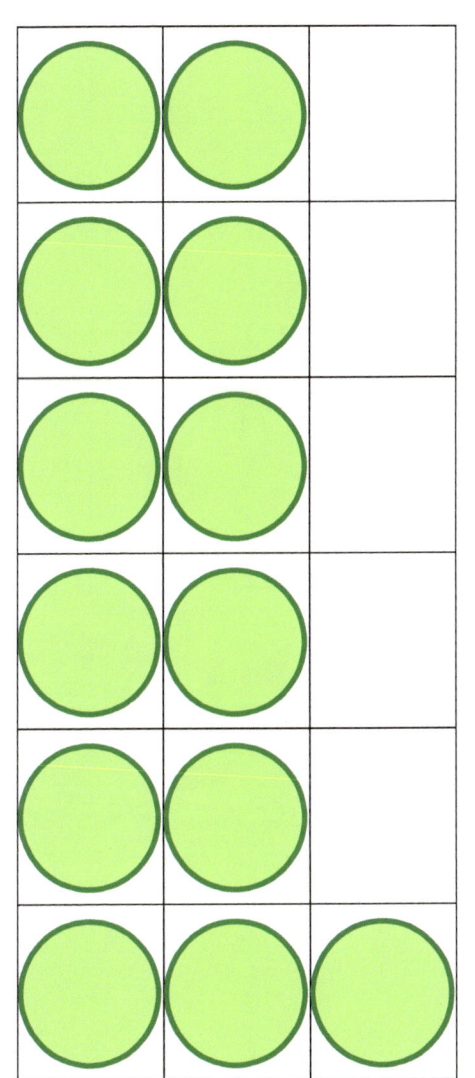

Hay _____ decena y _____ unidades.

Escribe el número anterior y posterior.

19 ____ 21 ____ 23

9 ____ 11 ____ 13

7 ____ 9 ____ 11

31 ____ 33 ____ 35

Cuenta y responde a las preguntas.

Hay ____ cuadrados azules.
Hay ____ cuadrados naranjas.
Hay ____ cuadrados verde claro.

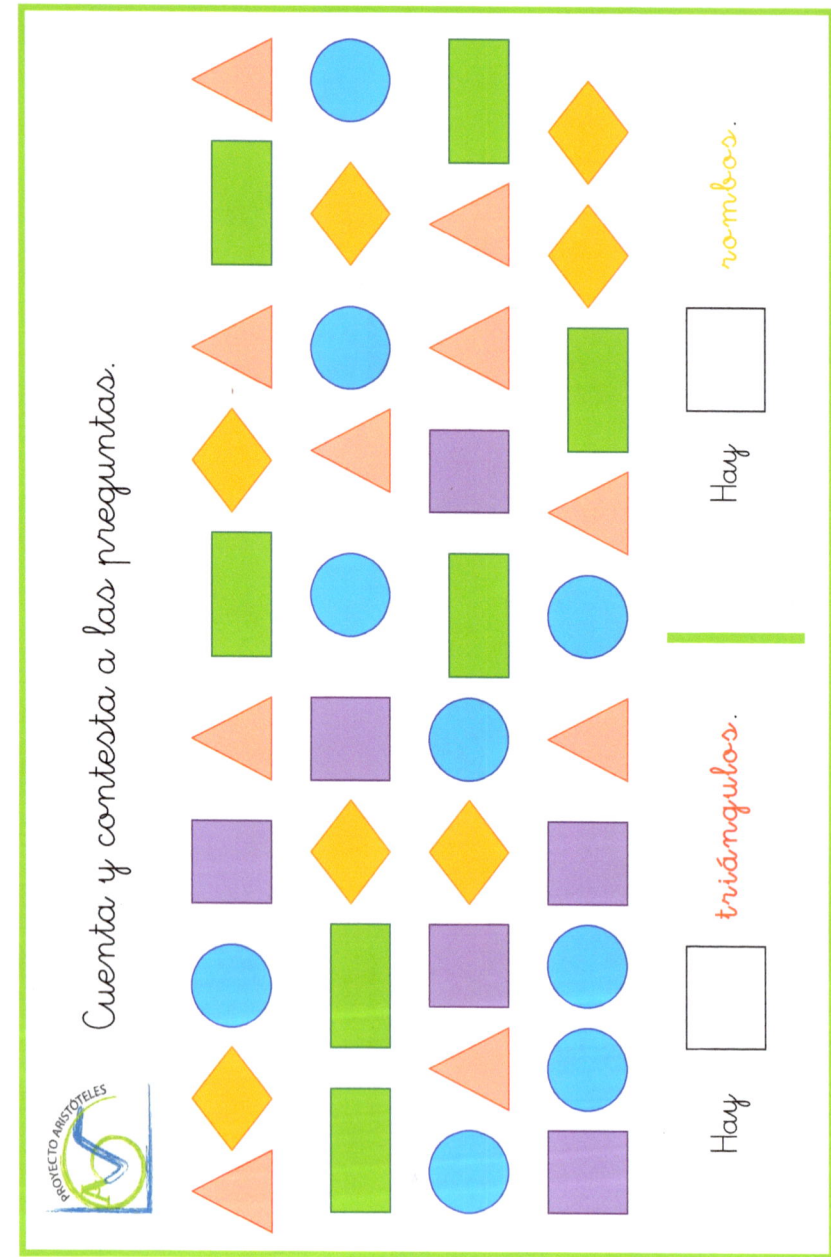

¿Cuántos círculos faltan para completar una decena? Dibújalos.

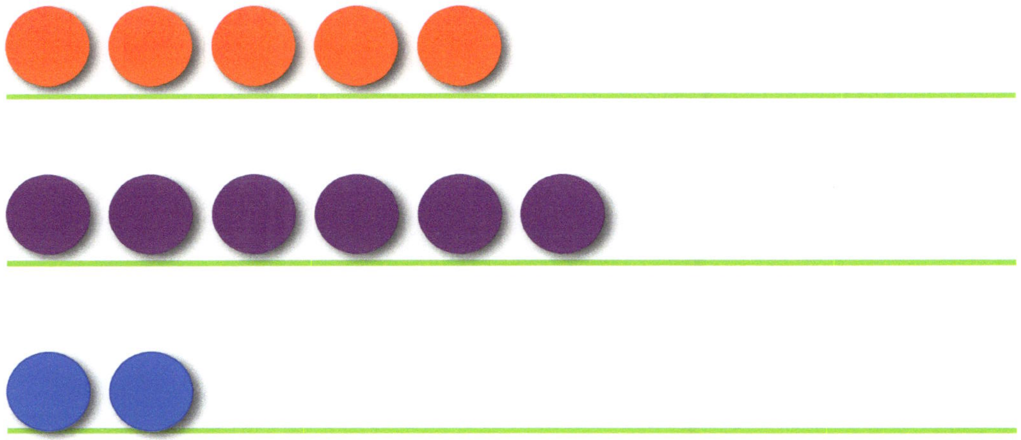

Dibuja tantos círculos como se indique en el cuadrado.

5	3	2	4

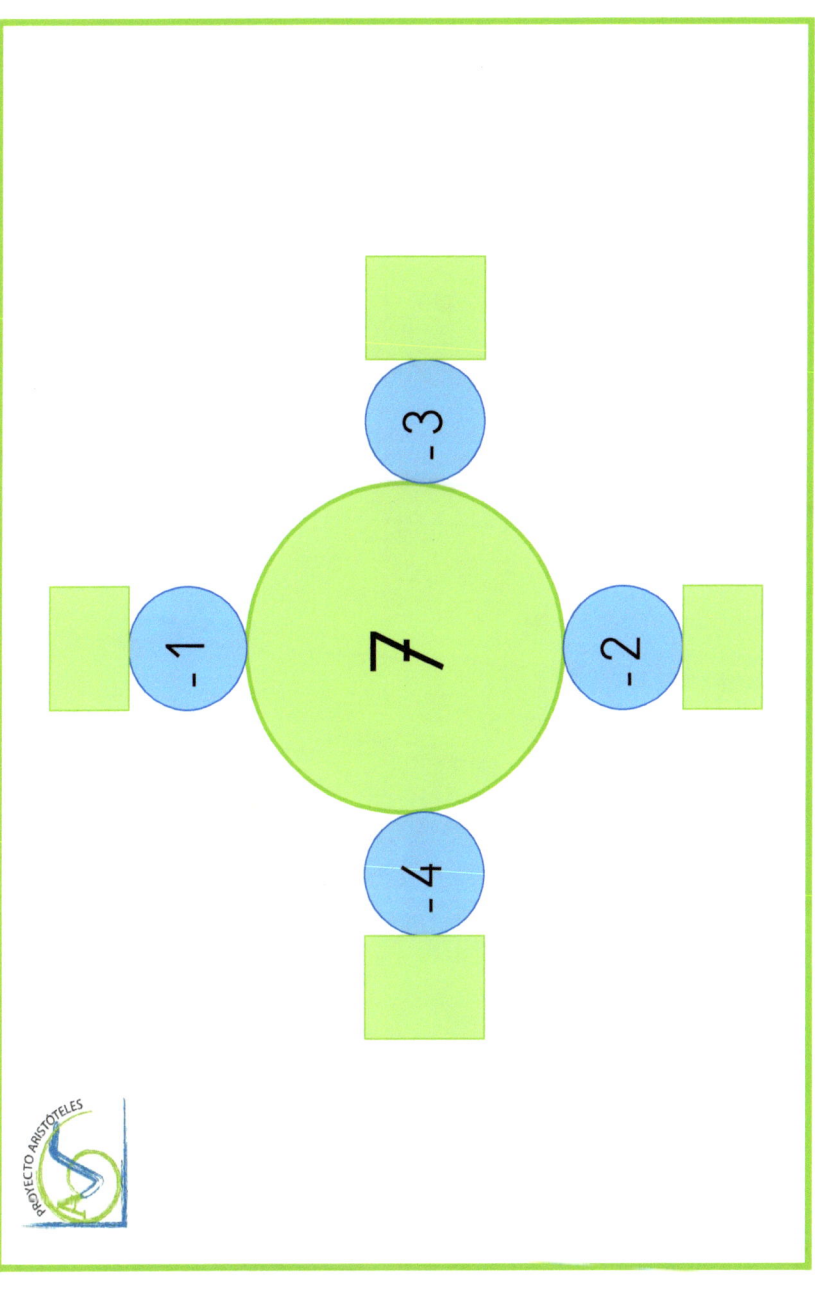

¿Cuántas cerezas hay? Escríbelo en el cuadrado.

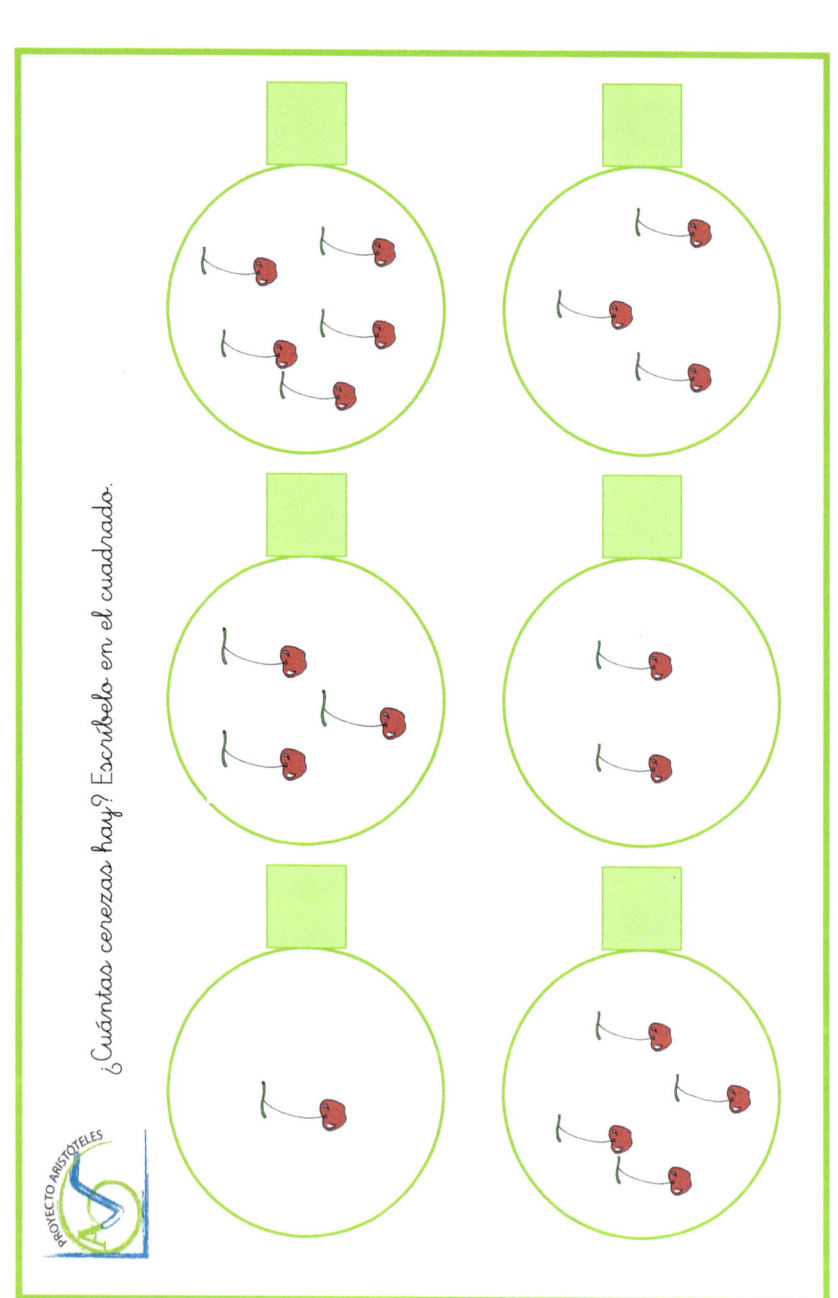

Rodea una decena y completa.

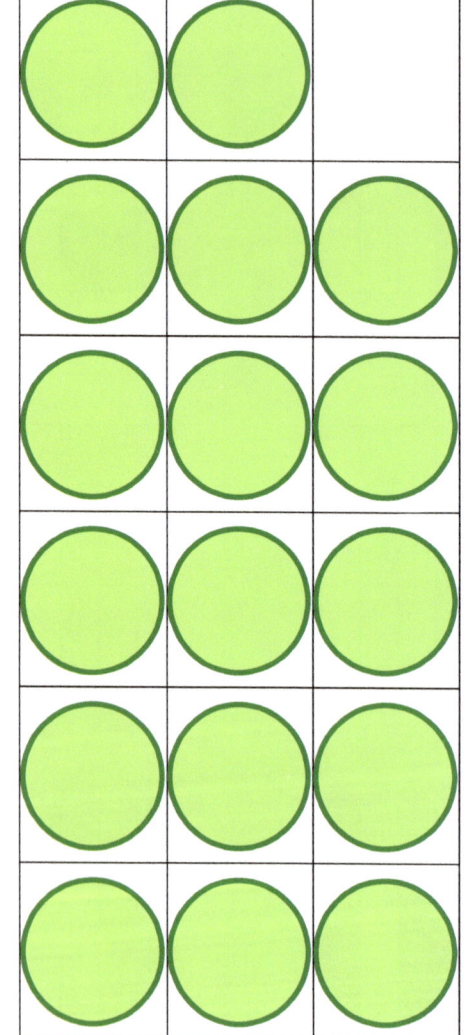

Hay _____ decena y _____ unidades.

Escribe el número anterior y posterior.

13 _____ 15 _____ 17

36 _____ 38 _____ 40

15 _____ 17 _____ 19

27 _____ 29 _____ 31

Cuenta y responde a las preguntas.

Hay ____ cuadrados negros.
Hay ____ cuadrados violeta.
Hay ____ cuadrados rosa.

Tacha 8 círculos.

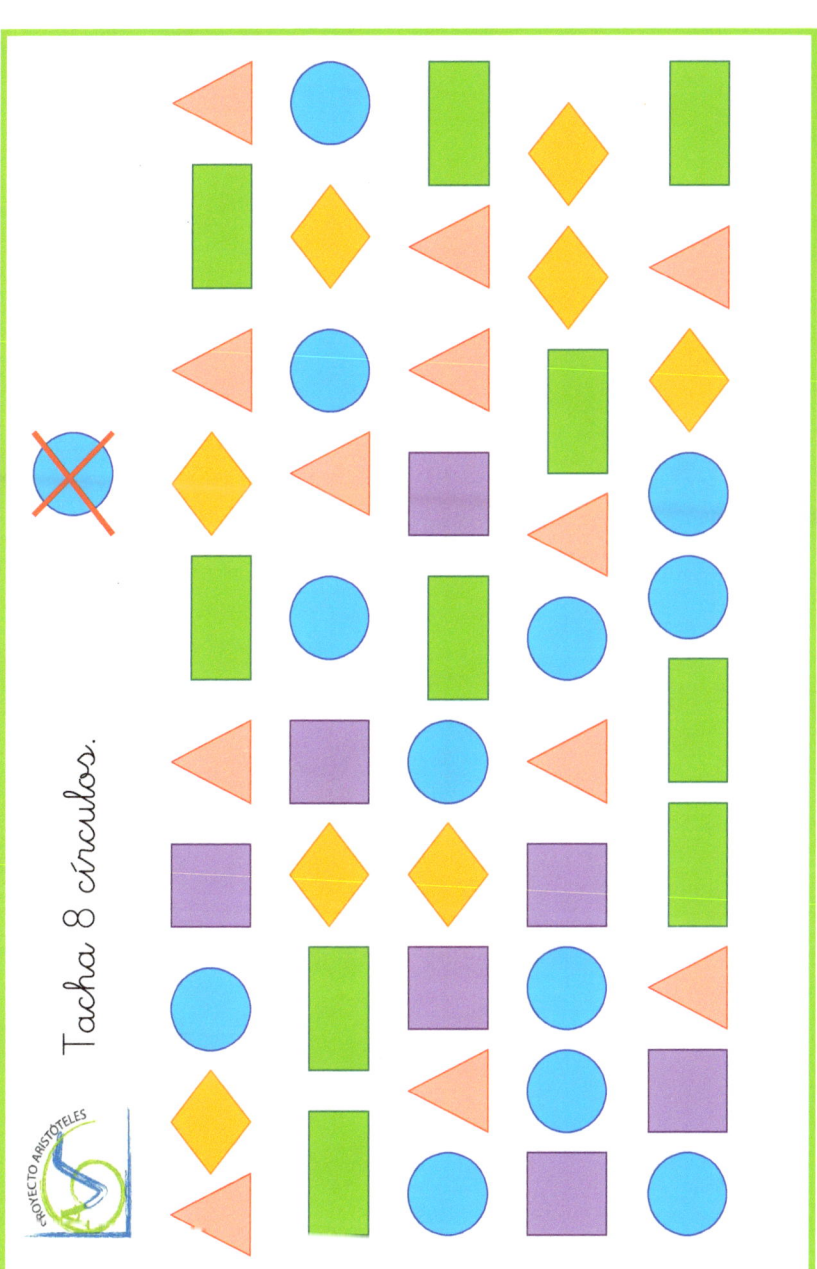

¿Cuántos círculos faltan para completar una decena? Dibújalos.

Completa dibujando el número de círculos necesario.

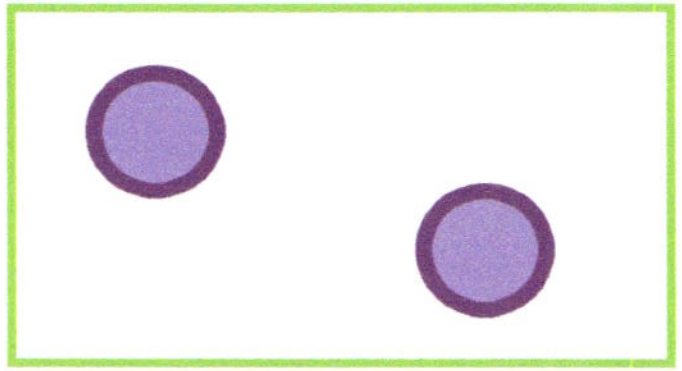

☐ + ☐ = 9

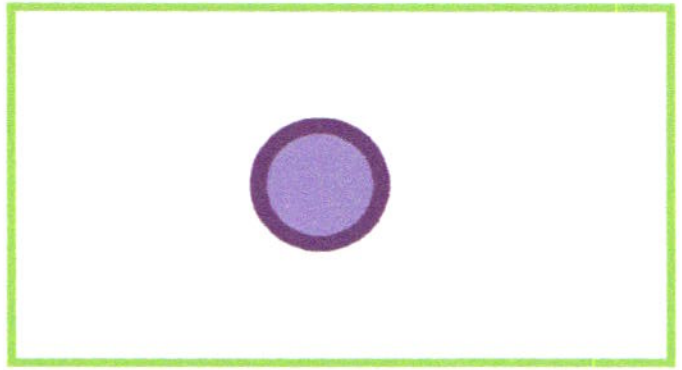

☐ + ☐ = 6

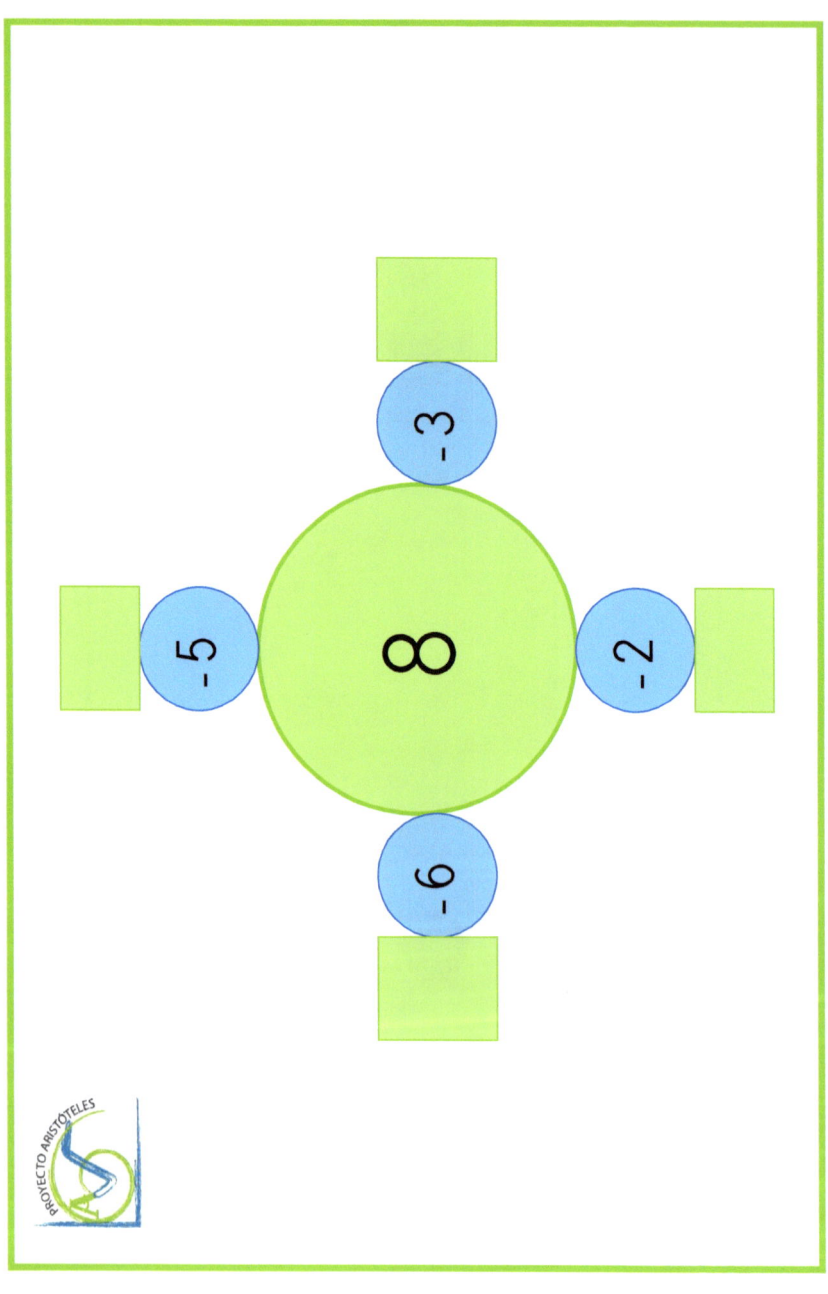

¿Cuántos cerdos hay?

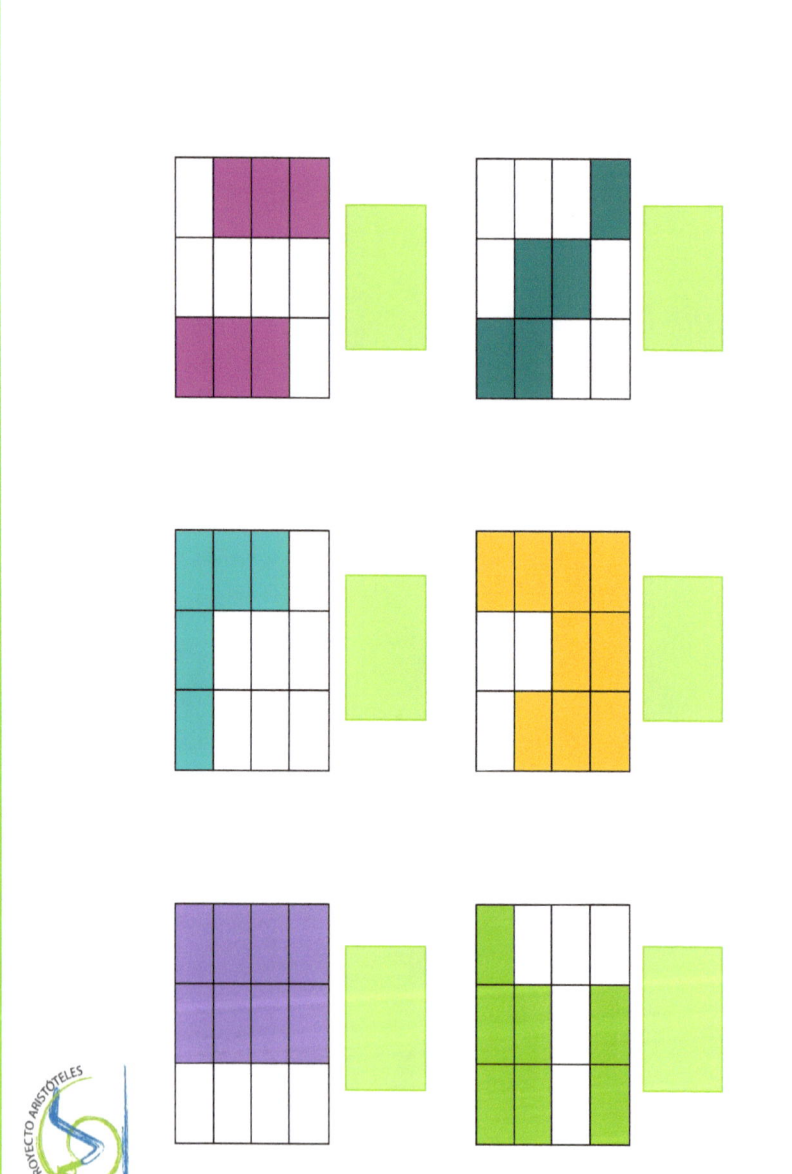

Rodea una decena y completa.

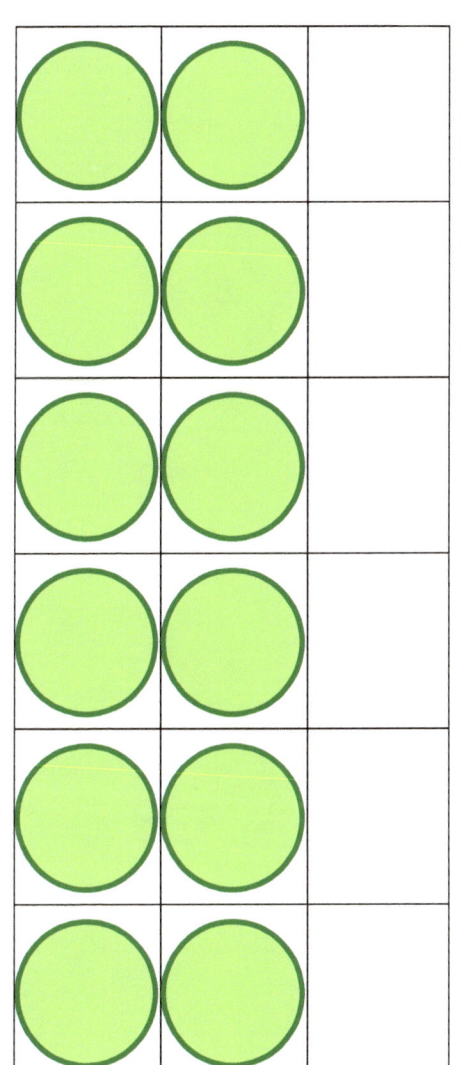

Hay _____ decena y _____ unidades.

Escribe el número anterior y posterior.

19 ___ 21 ___ 23

51 ___ 53 ___ 55

8 ___ 10 ___ 12

15 ___ 17 ___ 19

Cuenta y responde a las preguntas.

Hay ____ cuadrados grises.
Hay ____ cuadrados naranjas.
Hay ____ cuadrados verde oscuro.

Tacha 9 triángulos.

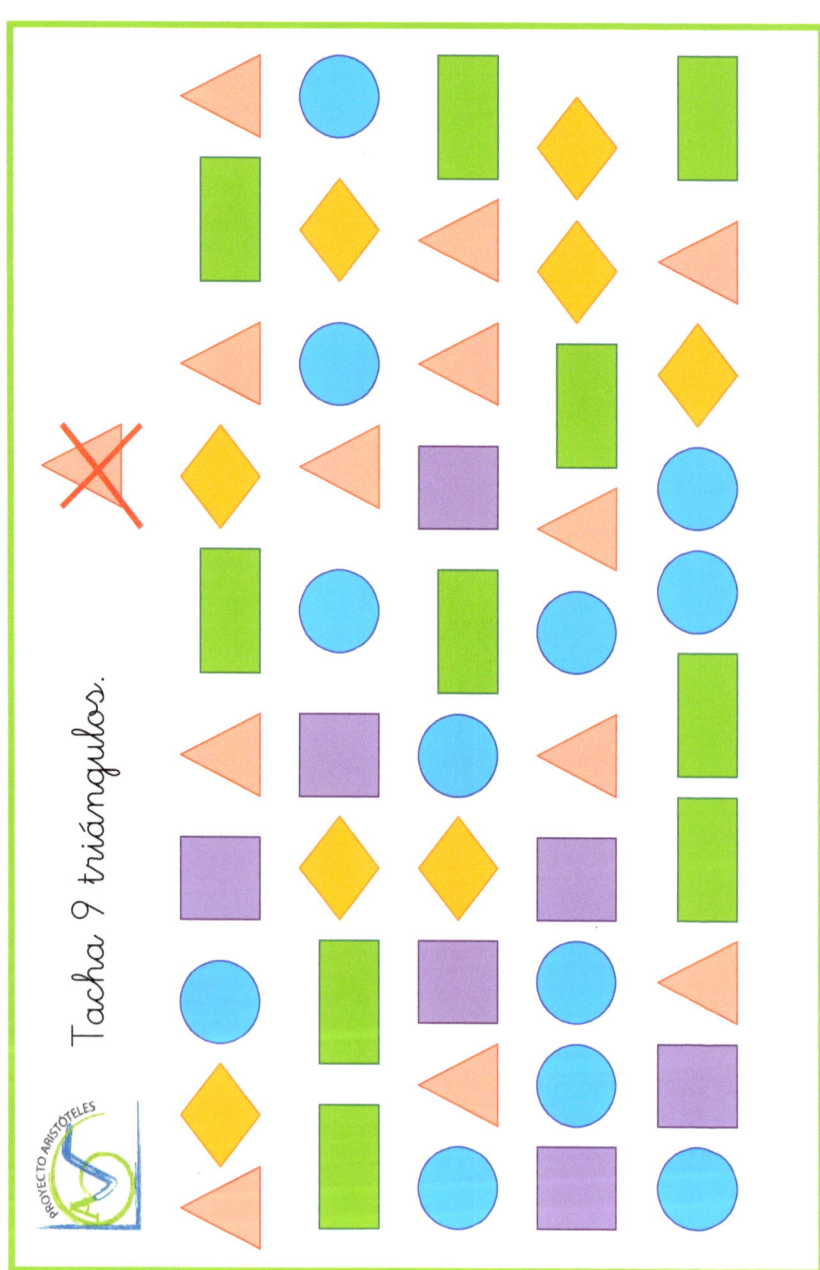

¿Cuántos círculos faltan para completar una decena? Dibújalos.

Completa dibujando el número de círculos necesario.

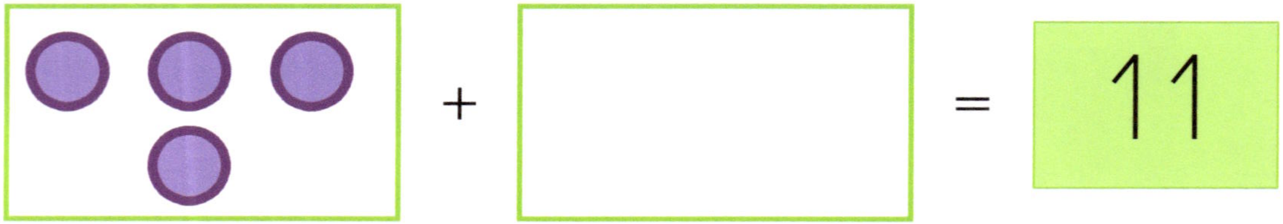

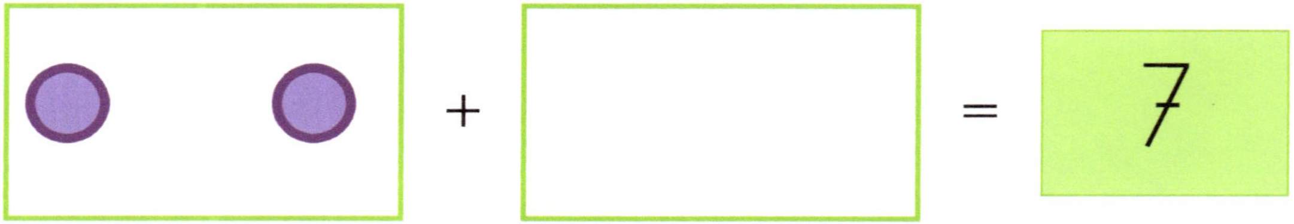

| | + | | = | 11 |

| | + | | = | 7 |

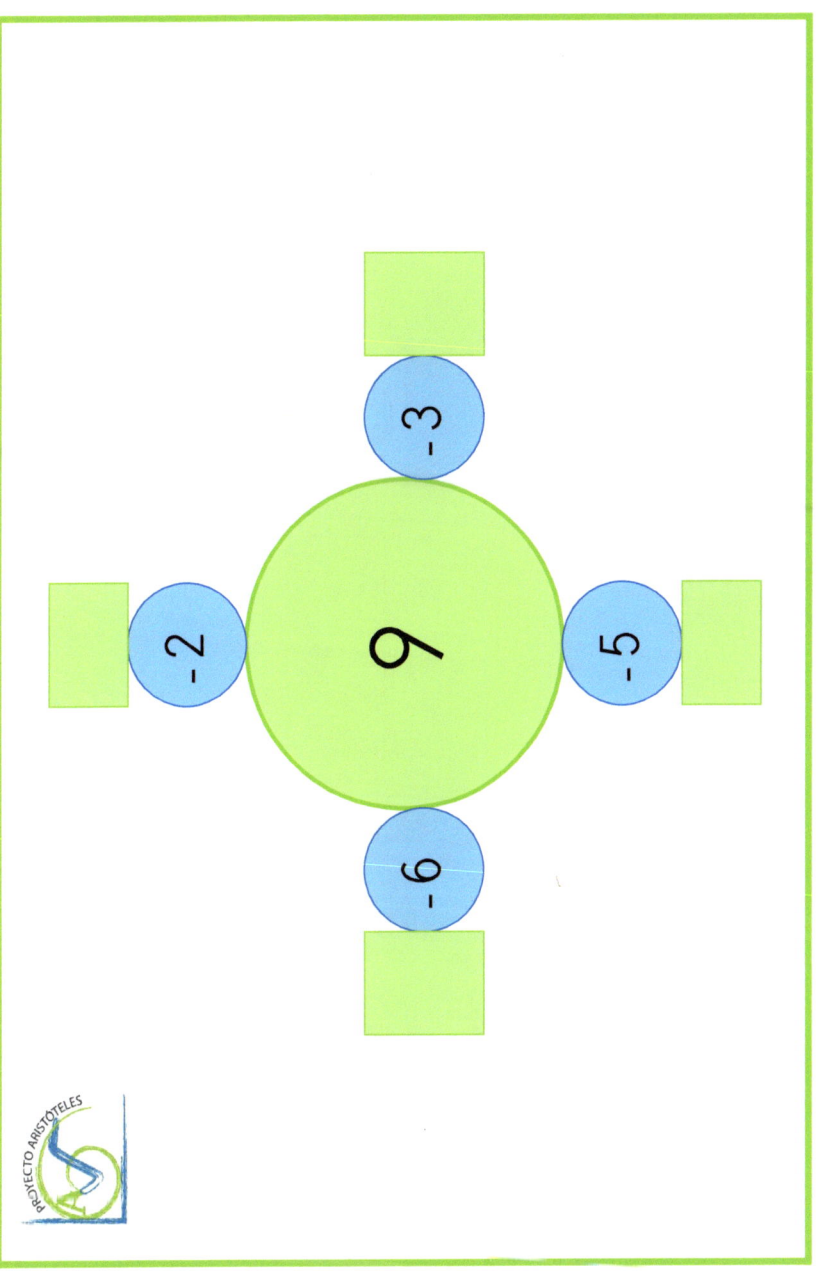

¿Cuántas ciruelas hay?

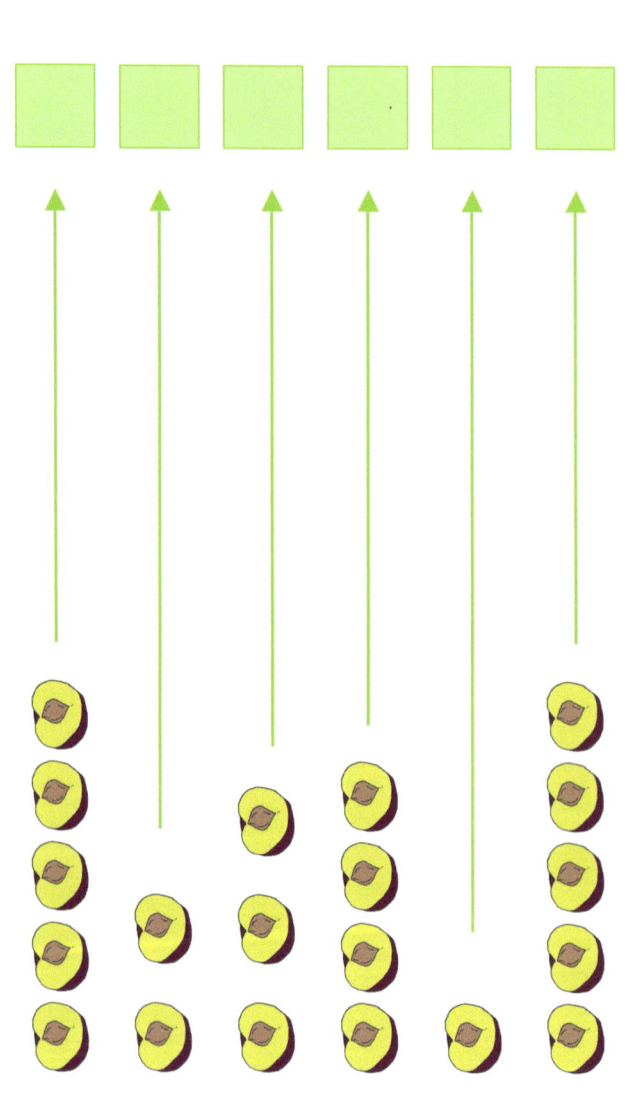

Rodea una decena y completa.

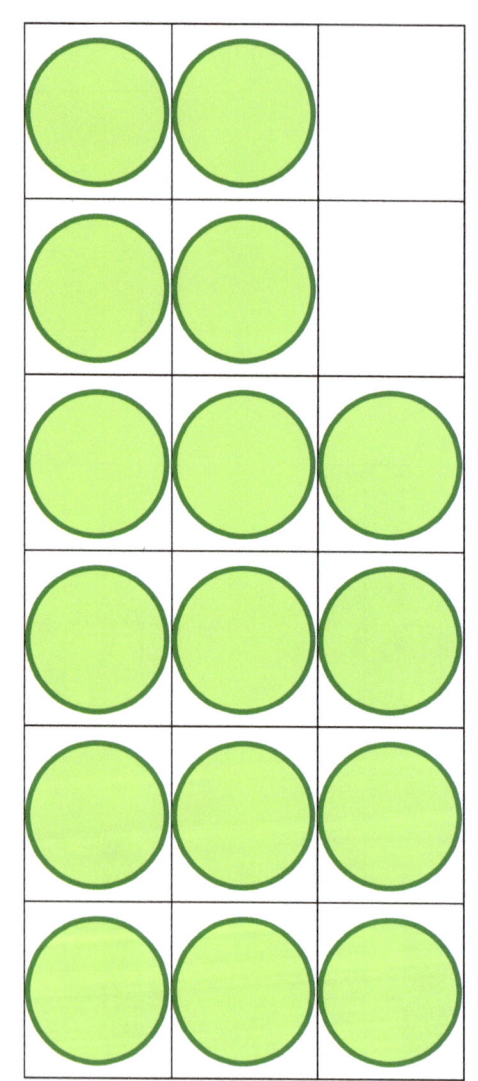

Hay _____ decena y _____ unidades.

Escribe el número anterior y posterior.

13 ____ 15 ____ 17

21 ____ 23 ____ 25

8 ____ 10 ____ 12

11 ____ 13 ____ 15

Cuenta y responde a las preguntas.

Hay ____ cuadrados *rojos*.
Hay ____ cuadrados *azul oscuro*.
Hay ____ cuadrados *verde claro*.

Tacha 10 rectángulos.

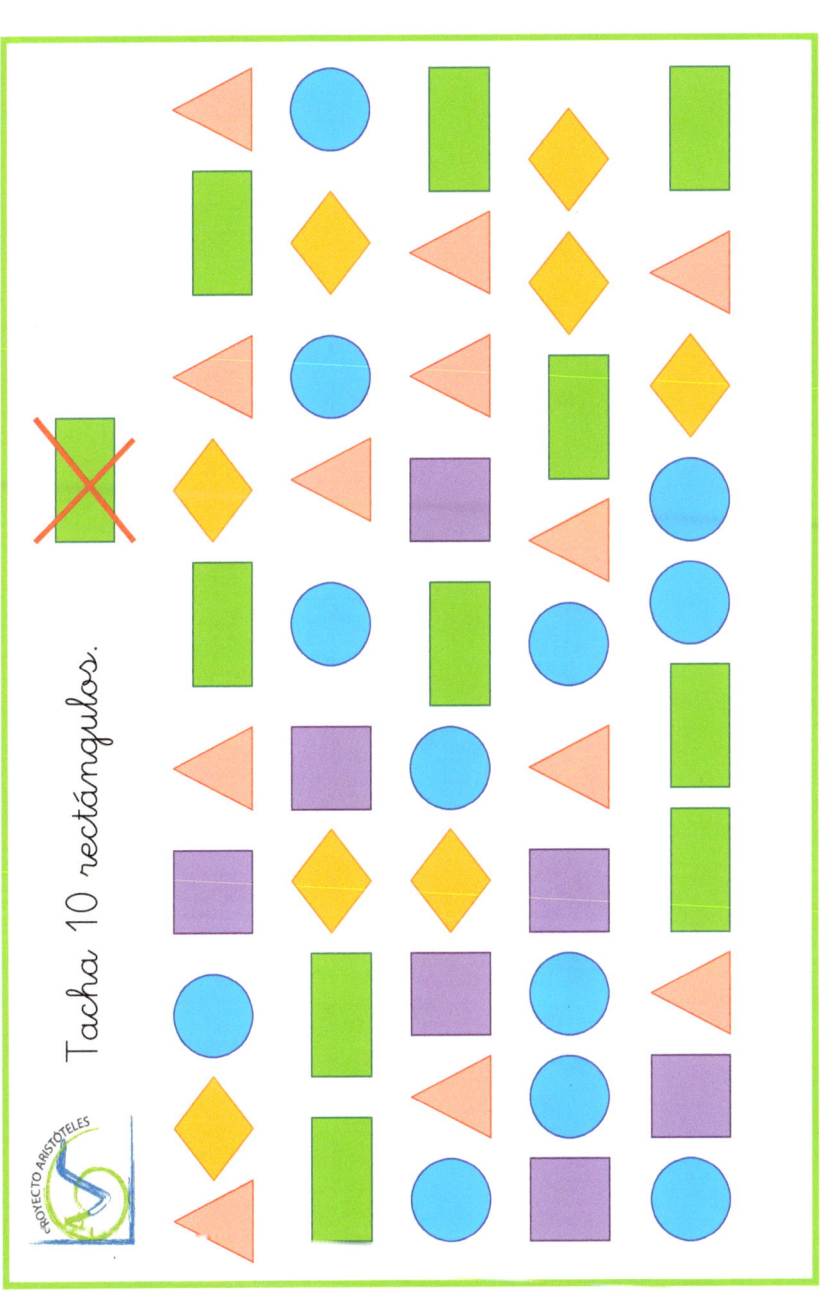

Rodea una decena.

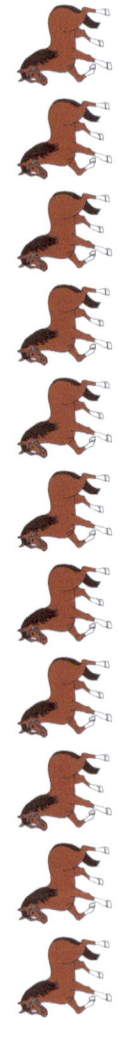
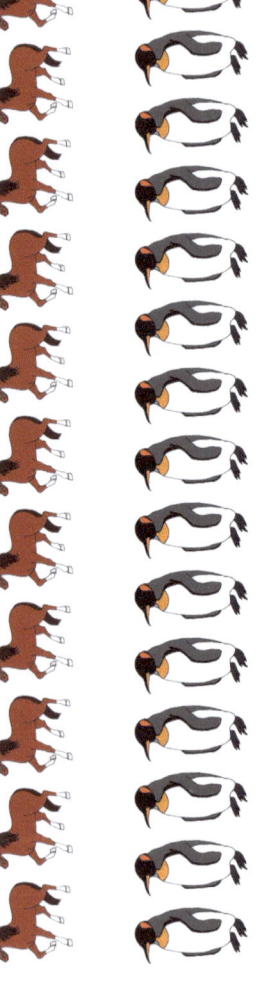

Completa dibujando el número de círculos necesario.

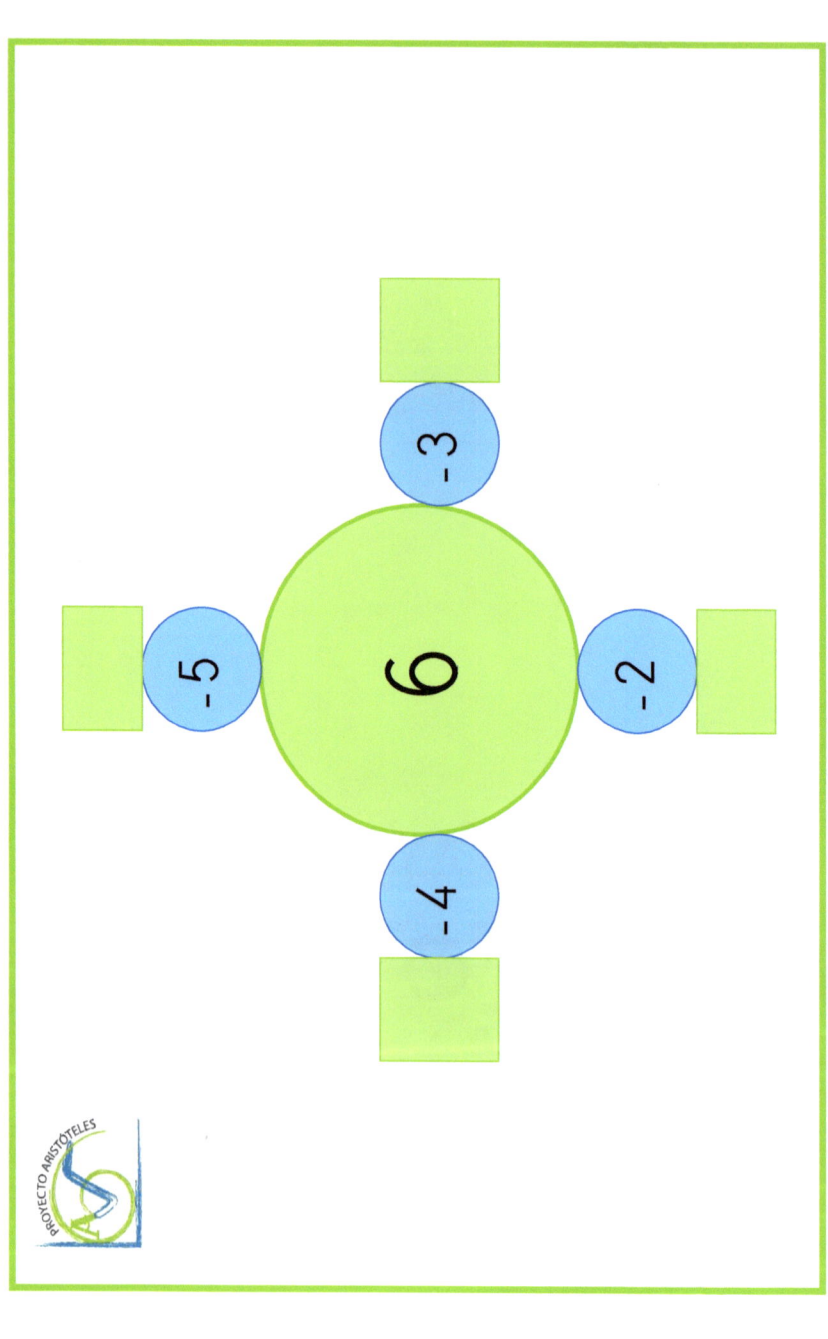

¿Cuántas fresas hay?

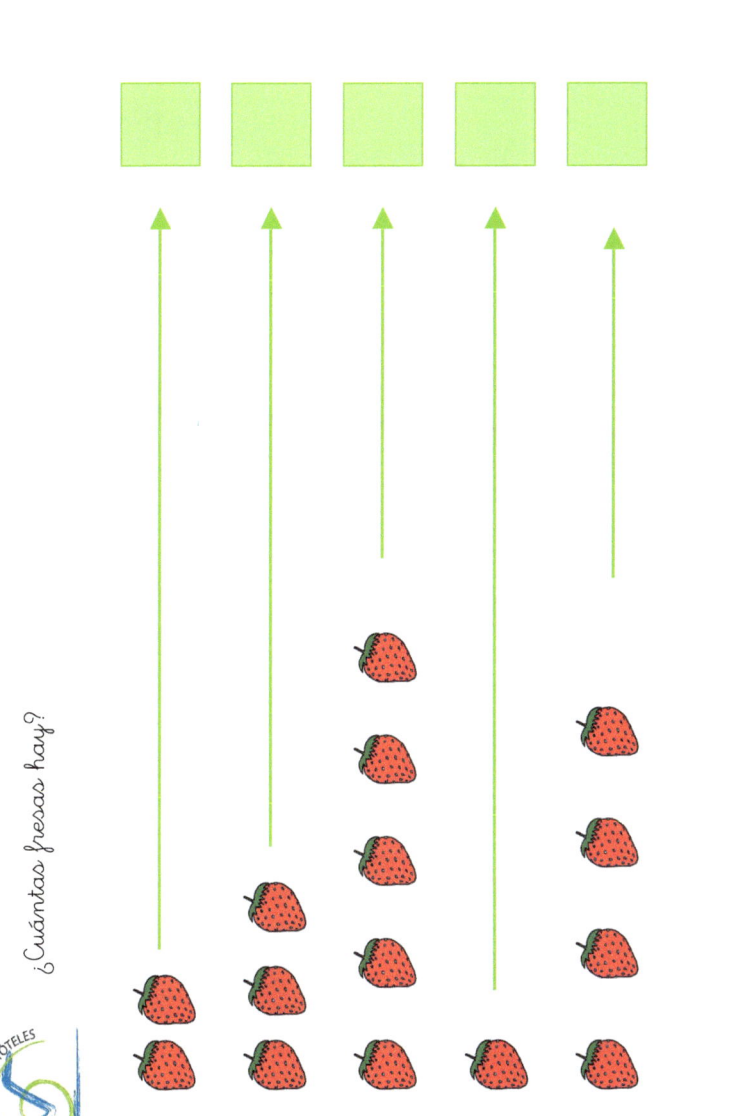

Suma los cuadrados de colores.

Rodea una decena y completa.

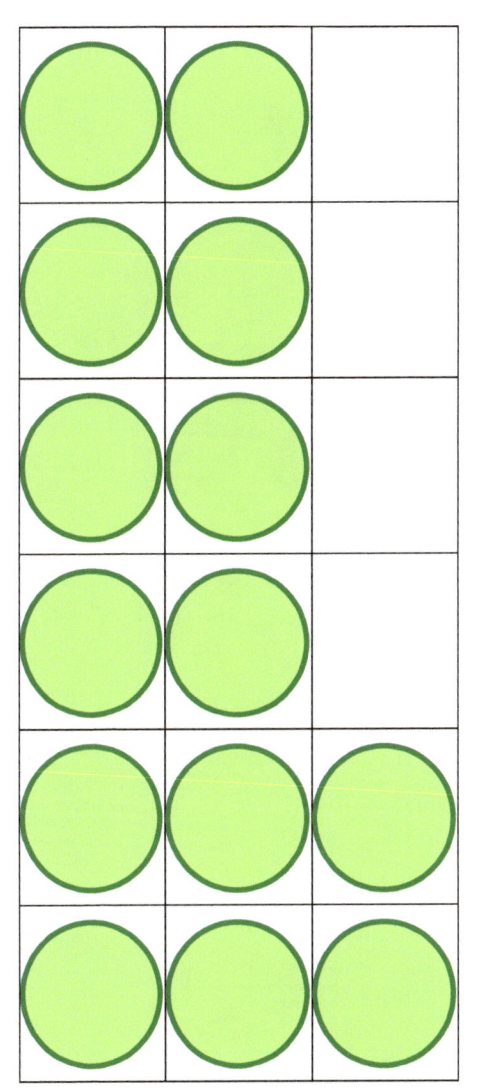

Hay _____ decena y _____ unidades.

Escribe el número anterior y posterior.

21 _____ 23 _____ 25

40 _____ 42 _____ 44

5 _____ 7 _____ 9

15 _____ 17 _____ 19

Cuenta y responde a las preguntas.

Hay ☐ cuadrados 🟩

Hay ☐ cuadrados 🟪

Hay ☐ cuadrados 🟨

Hay ☐ cuadrados 🟧

Tacha 7 rombos.

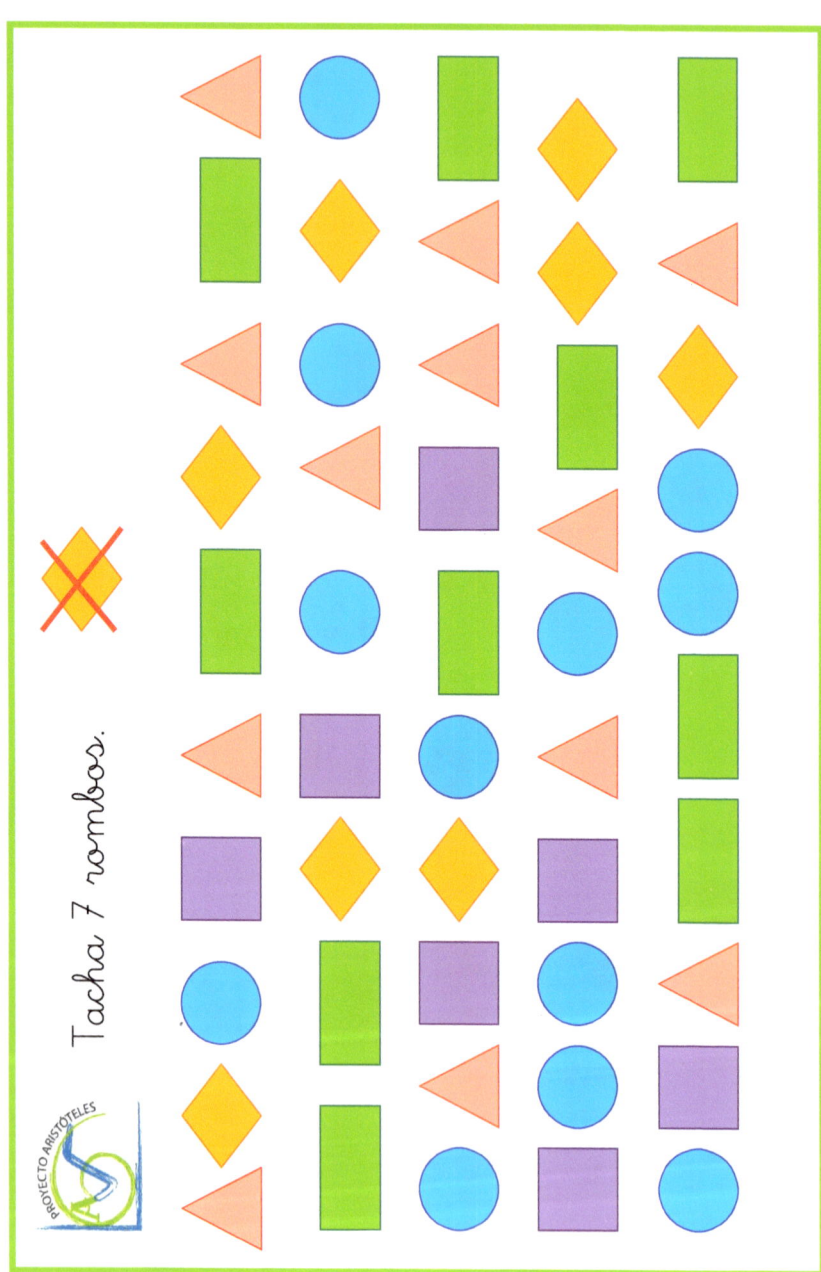

Representa lo indicado.

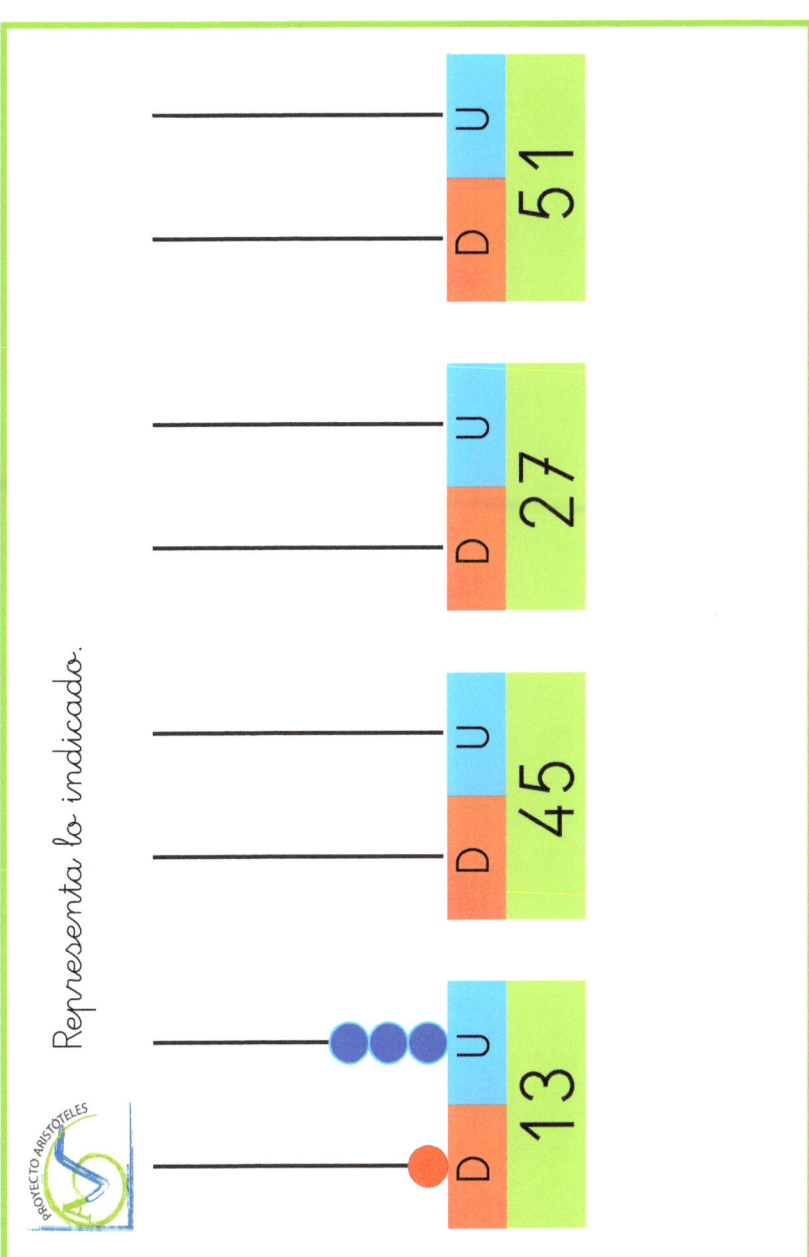

Completa dibujando el número de círculos necesario.

13 = ☐ + ◯

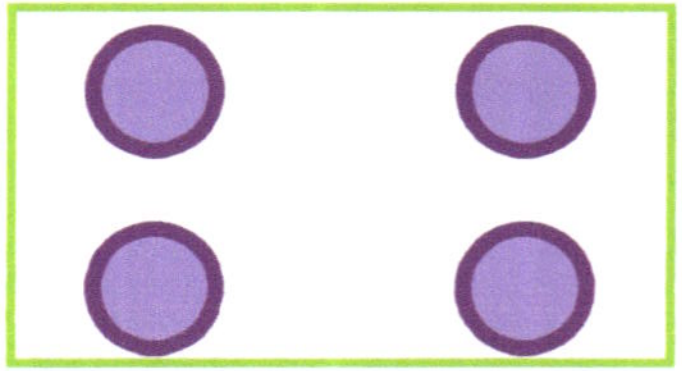

9 = ☐ + ◯◯◯◯

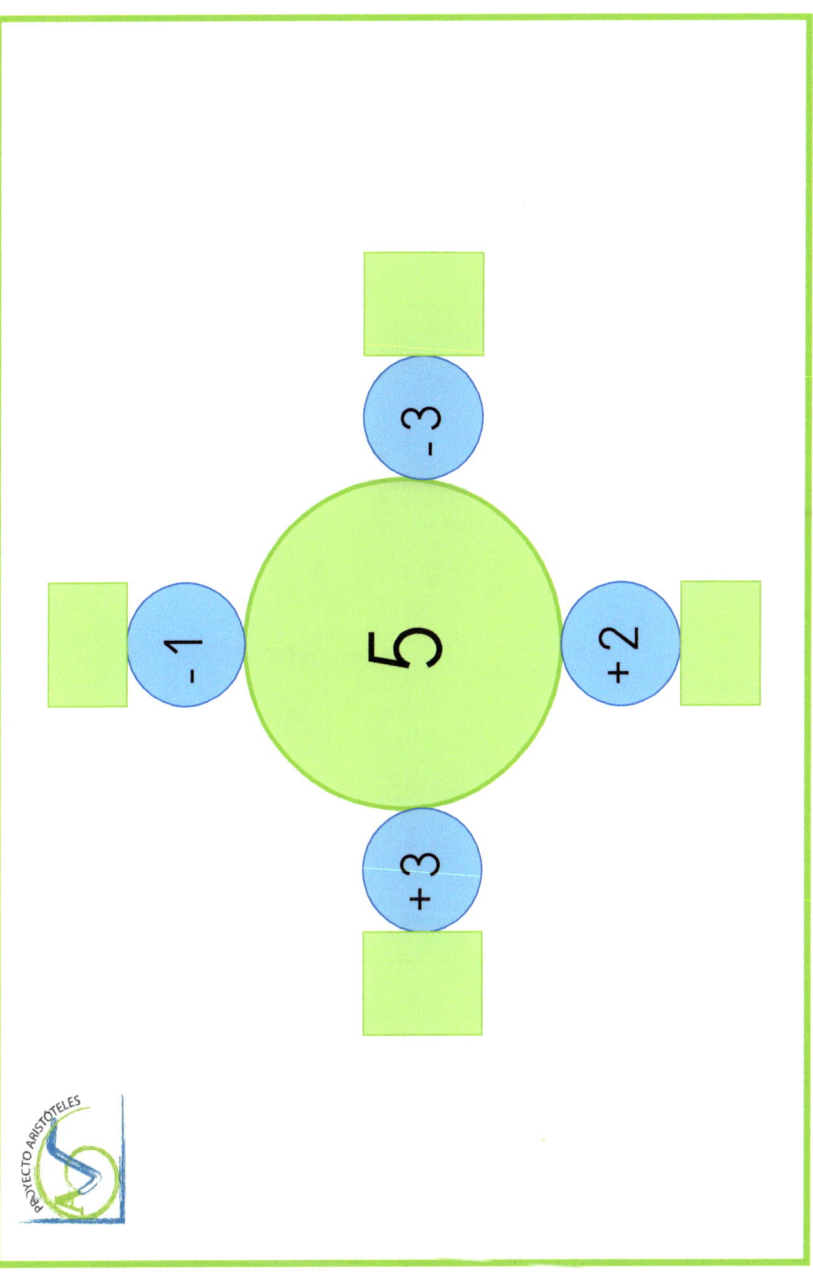

¿Cuántas sandías hay?

Suma los cuadrados de colores.

Rodea una decena y completa.

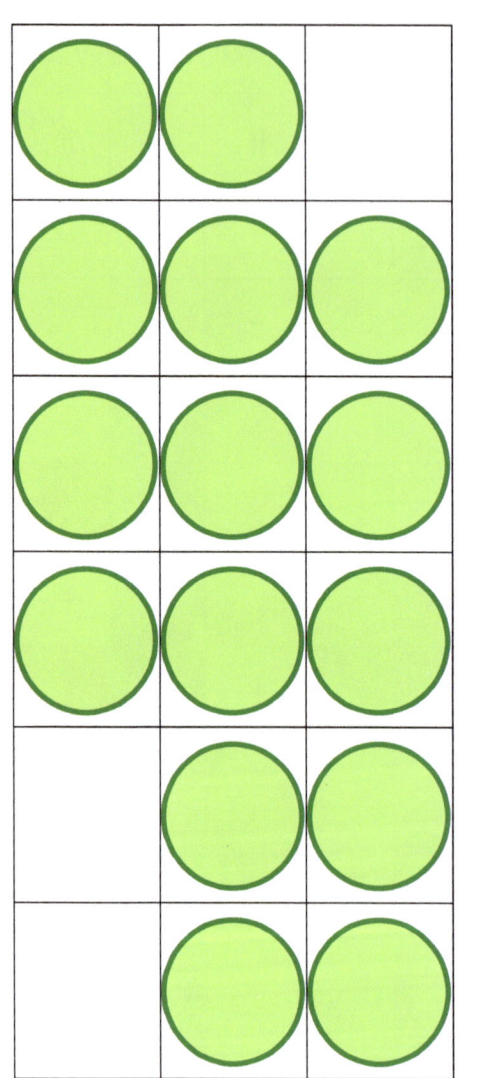

Hay _____ decena y _____ unidades.

Escribe el número anterior y posterior.

0 ____ 2 ____ 4

27 ____ 29 ____ 31

13 ____ 15 ____ 17

11 ____ 13 ____ 15

Cuenta y responde a las preguntas.

Hay [ ] cuadrados.

Hay [ ] cuadrados.

Hay [ ] cuadrados.

Hay [ ] cuadrados.

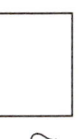

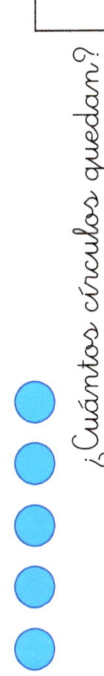 Tacha 5 círculos. ¿Cuántos círculos quedan?

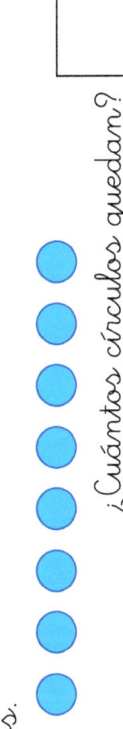 Tacha 8 círculos. ¿Cuántos círculos quedan?

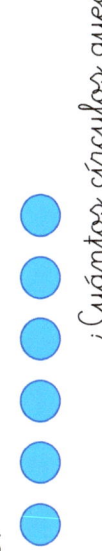 Tacha 6 círculos. ¿Cuántos círculos quedan?

Representa lo indicado.

D	U
62	

D	U
18	

D	U
48	

D	U
39	

Completa dibujando el número de círculos necesario.

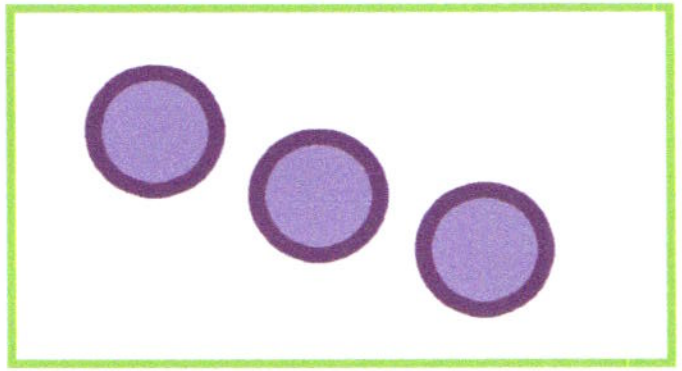

● ● ● + ☐ = **17**

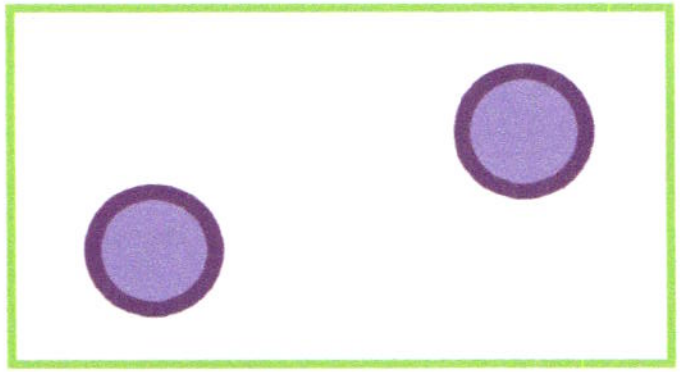

● ● + ☐ = **8**

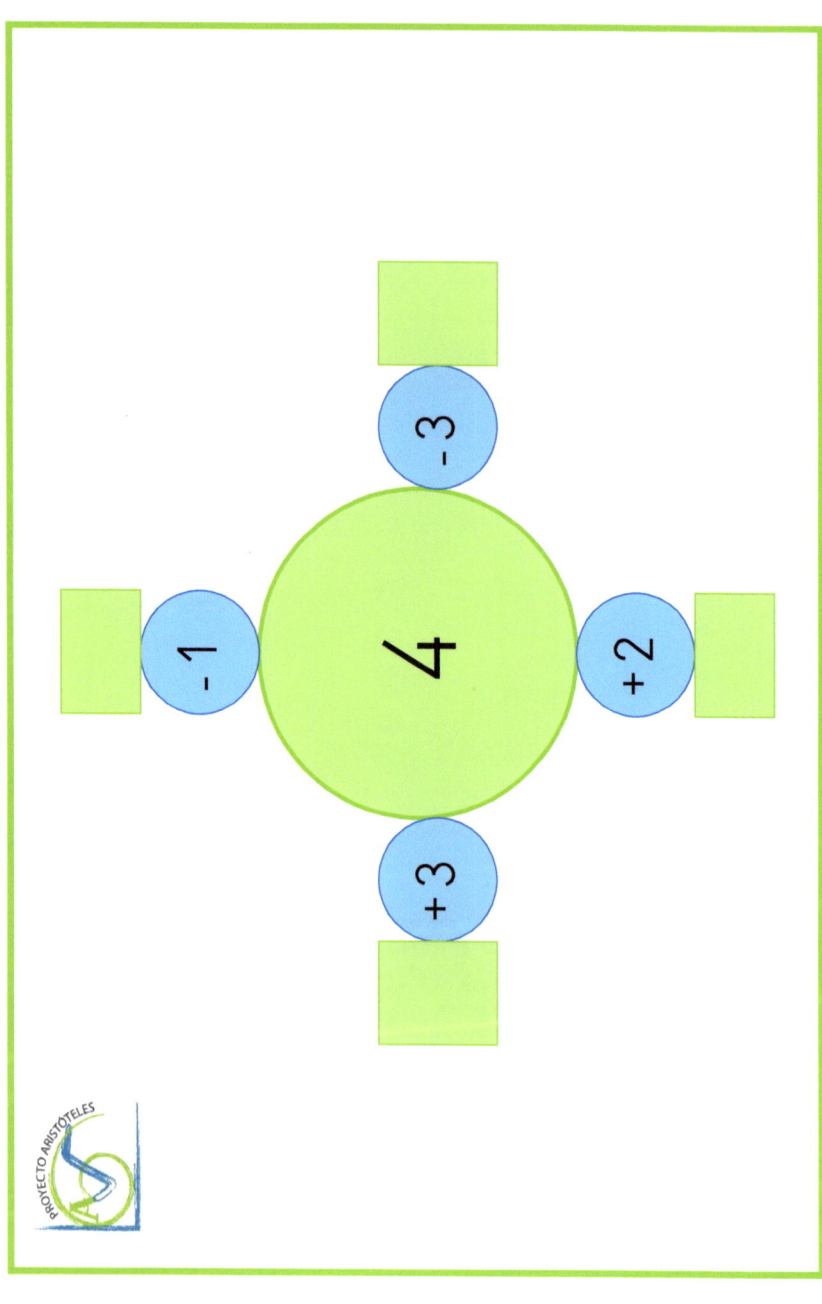

¿Cuántos cerdos hay?

Suma los cuadrados de colores.

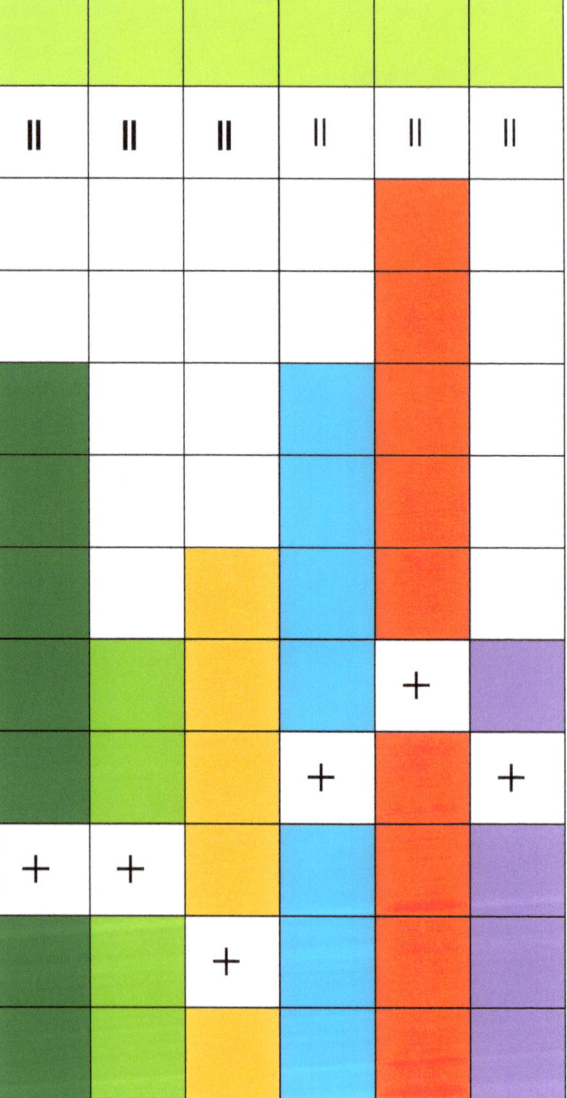

www.ingramcontent.com/pod-product-compliance
Lightning Source LLC
Chambersburg PA
CBHW040810200526
45159CB00022B/137